Die

Elektrische Beleuchtung

für

Industrielle Zwecke

von

R. E. Crompton,

Ingenieur und Unternehmer für elektrische Beleuchtung.

Deutsch

von

F. Uppenborn,

Ingenieur und Elektrotechniker zu Hannover.

Mit 1 Tafel.

München und Leipzig.

Druck und Verlag von R. Oldenbourg.

1881.

Einleitung.

Die elektrische Beleuchtung ist aus der Hand des Physikers in die des Ingenieurs übergegangen. Jeder Tag bringt Nachrichten über neue Installationen und vermehrt unsern Schatz an praktischer Erfahrung.

Während der letzten zwei Jahre sind verschiedene Bücher über elektrische Beleuchtung veröffentlicht, die für den Reflectanten trotz ihres grossen Volumens nur wenig praktische Information enthalten. Sie sind alle mehr oder minder geschichtliche Darstellungen der älteren Erfindungen, denen ein Wust von Zeitungsausschnitten beigefügt ist, die die neueren Erfindungen beschreiben und von denen nicht der zehnte Theil praktischen Werth besitzt. Die Daten über die Betriebskosten sind eine Reihe von Abdrücken verschiedener Berichte von Ingenieuren, die entweder für oder wider die neue Beleuchtung interessirt sind, oder von Theoretikern. Es wurde kein Versuch gemacht, jene Resultate zu sichten und in Uebereinstimmung zu bringen, obschon sie gegenwärtig confus und widersprechend sind.

Bei meiner vor mehreren Jahren begonnenen Thätigkeit als Fabrikant einiger zur elektrischen Beleuchtung gehörenden Apparate und später als Unternehmer elektrischer Beleuchtungsanlagen für verschiedene Zwecke habe ich stets den Mangel eines praktischen Handbuchs sehr empfunden.

Diesen Mangel suche ich nun zu beseitigen. Mein Bestreben, in den kleinen Raum dieses Heftes eine möglichst

1*

grosse Menge der, meiner Ansicht nach, neuesten verbürgten Informationen über elektrische Beleuchtung zusammenzudrängen, wird das Auslassen und Uebergehen mancher Dinge entschuldigen. Ich habe mich bemüht, in meiner Kritik der Vorzüge verschiedener Dampfmaschinen, Lichtmaschinen, Drahtseile, Kohlenstäbe und anderen Zubehörs möglichst unparteiisch zu sein. Ueber die Lampen kann ich freilich nicht unparteiisch reden. Mein Bestreben während der letzten zwei Jahre, in meiner eigenen Lampe alle Vorzüge der Lampen meiner Vorgänger und Concurrenten zu vereinigen und alle Nachtheile derselben auszuschliessen, müssen mein Urtheil zu Gunsten meiner eigenen Lampe und zu Ungunsten der andern beeinflussen.

Der geringe mir zur Verfügung stehende Raum erlaubt mir nicht, meine Quellen anzugeben, doch werden Leser von du Moncel, Desprez, Fontaine, Breguet, Mascart, Siemens, Schwendler, Preece und Hopkinson erkennen, wie viel ich den Arbeiten jener Schriftsteller verdanke.

R. E. Crompton.

Es ist eine grosse Anzahl von Systemen elektrischer Beleuchtung in Gebrauch, doch lassen sie sich in die folgenden 3 Gruppen eintheilen:

1. Diejenigen, welche Incandescenzbeleuchtung anwenden, woselbst Streifen oder dünne Fasern schlechter Leiter, wie Kohle, Iridium, Platiniridium, Platin u. dgl., zu intensiver Weissgluth erhitzt werden durch einen Strom, welcher durch Batterien, magnetoëlektrische oder dynamoëlektrische Maschinen erzeugt wird. Die bemerkenswerthesten Systeme dieser Klasse sind die von Reynier, André, Swan, Sawyer-Mann, Edison, Werdermann.

2. Diejenigen, welche Wechselstrommaschinen anwenden, und zwar entweder in Verbindung mit Regulatorlampen, wie Holmes, Alliance, Lontin, Rapieff, Siemens, oder in Verbindung mit den sogenannten Kerzen, wie Jablochkoff, De Meritens, Siemens, Wilde, Jamin.

3. Diejenigen, welche Maschinen für gleichgerichtete Ströme gebrauchen mit Regulatorlampen; von diesen sind die hauptsächlichsten Maschinen die von Gramme, Siemens, Brush, Bürgin, Maxim, Weston, und die gebräuchlichsten Lampen sind die von Serrin, Suisse Serrin, Siemens, Brush, Crompton, Maxim, und für wissenschaftliche Zwecke Dubosq, Foucault.

Es liegen gewichtige Gründe vor, die beiden ersten Gruppen hier unerwähnt zu lassen, da sie den Anforderungen

des Publikums, an welches dies Buch gerichtet ist, nicht ent-
sprechen, aus folgenden Gründen:

Das Incandescenzsystem verspricht zwar viel, es wird
aber stets mit Strom- und also auch mit Arbeitsverschwen-
dung verknüpft sein, bis man eine schlecht leitende Substanz
entdeckt, die bis zu jener Temperatur erhitzt werden darf,
bei welcher das Incandescenzsystem die Oekonomie des Bogen-
systems erreicht.

Einige modificirte Incandescenzsysteme, wie Reynier,
André und Werdermann, haben ohne Zweifel einigen
Erfolg errungen, besonders auf Schiffen; aber wenn man
bedenkt, wie wenige Anwendungen diese Systeme fanden
und wie ungewiss die Erfinder noch sind über die beste
Form ihrer Lampen, so kann man getrost behaupten, dass
die ganze Gruppe sich noch im Zustande des Experimentes
befindet.

Obwohl diejenigen Systeme, welche Wechselströme gebrauchen, augenblicklich die hervorragendsten sind und einige
von ihnen, wie Alliance und Holmes, ihren Platz in den
Leuchtthürmen behaupten, so geht doch die Meinung von
Fachleuten dahin, dass die Wechselstrommaschinen niemals
unter gleichen Bedingungen mit Maschinen für gleichgerichtete Ströme werden concurriren können. Die Messung
von Wechselströmen ist schwierig und wurde bis vor kurzem
auch nicht ausgeführt. Jetzt ist es aber hinreichend sicher,
dass unter gleichen Verhältnissen bezüglich Widerstand, Geschwindigkeit etc. die Maschinen für gleichgerichtete Ströme
35 % mehr Nutzeffect im Flammenbogen geben als Wechselstrommaschinen. Ferner handelt es sich in der Praxis in
zehn Fällen neunmal darum, eine gewisse Bodenfläche zu
beleuchten, ohne das Licht an Wänden und Decken zu verschwenden; und dies wird sehr gut erreicht, wenn gleichgerichtete Ströme durch den Flammenbogen passiren. Denn

die obere positive Kohlenelektrode höhlt sich aus und bildet eine kleine Sonne, welche wahrscheinlich 65 % der totalen Lichtmenge der Lampe dorthin ausstrahlt, wo es am zweckmässigsten ist, nämlich auf den Boden. Bei Wechselströmen hingegen brennen beide Kohlen spitz, und in Folge dessen wird das Licht nach allen Richtungen über und unter der Horizontalebene, in welcher der Focus liegt, zerstreut. Es werden deshalb grosse Reflectoren nöthig, um das Licht auf den Boden zu werfen, welches sonst nutzlos verloren geht. Dieser Mangel, verknüpft mit dem durch den Gebrauch von Wechselströmen bedingten Arbeitsverlust, lässt Wechselstromlampen sehr unökonomisch erscheinen.

Wenn Wechselströme zum Speisen von Kerzen gebraucht werden, so kommt zu dem vorerwähnten Stromverlust der hohe Preis der Kerzen hinzu, sowie der Uebelstand, dass Kerzen eine ständige Beaufsichtigung erfordern. Ferner werfen dieselben ihr Licht gegen die Decke, anstatt auf den Boden. Von dem letzteren Mangel soll die kürzlich von Jamin erfundene Kerze frei sein.

Die Jablochkoff'sche Kerze hatte günstige Entwicklungsbedingungen in Gestalt eines grossen Capitales, und sehr erfahrene Ingenieure und Elektriker arbeiten an ihrer Vervollkommnung. Trotzdem hat sie nicht viele Fortschritte gemacht. Sie hat einige passende Anwendungen gefunden als eine schöne Luxusbeleuchtung für den Industriepalast, für die Höfe von Hotels, für gewisse Läden und Magazine in Paris und London; aber sie hat nicht eine einzige Anwendung für industrielle Zwecke gefunden in ganz England. Die Contractbeleuchtung des Thames Embankment sowie der verschiedenen Avenüen und Strassen in Paris weisen Zahlen auf, welche die Kosten jedes beliebigen Lampensystems mit gleichgerichteten Strömen im Verhältnis von 4 oder 5 zu 1 übertreffen.

Anlangend bei der letzten Gruppe gibt es 3 bedeutende Fabrikanten von Maschinen für gleichgerichtete Ströme. Diese Fabrikanten, Gramme, Siemens und Brush, haben bis heute von 2000 Maschinen an aufwärts in Europa und Amerika versandt. In England und Schottland sind ca. 200 elektrische Beleuchtungsanlagen erfolgreich im Betriebe, und den dabei gemachten Erfahrungen sind die nachfolgenden Angaben entnommen.

Für jemand, der elektrische Beleuchtung anzuwenden gedenkt, ist es wünschenswerth die folgenden Fragen beantwortet zu haben:

1. Wie erhält man am besten die zum Betriebe nothwendige Kraft?

2. Welches sind die Vorzüge und Nachtheile der jetzt auf dem Markt befindlichen dynamoëlektrischen Stromerzeuger?

3. Welches sind die entsprechenden Vorzüge und Nachtheile der Regulatorlampen?

4. Welches sind die zweckmässigsten Hilfsgegenstände, wie Laternen, Kabel, Schlüssel, Kohlenstäbe?

5. Was wird der Betrieb kosten?

Betriebskraft. Hat man eine Mühle oder eine Maschinenfabrik, getrieben durch eine kräftige Dampfmaschine mit Corlisssteuerung oder einem andern guten Regulator, so kann man sich zum Treiben der dynamoëlektrischen Maschinen gar nichts Besseres wünschen. Dies bezieht sich aber nur auf solche Werke, wo constante Tourenzahl von der höchsten Wichtigkeit ist und keine Mühe gespart ist, dieses zu erreichen. In Maschinenwerken ist eine gleichmässige Geschwindigkeit nicht so wichtig, der häufige Gebrauch von Werkstattskrahnen mit Seilantrieb verhindert eine solche Regelmässigkeit. In diesem Falle ist es besser,

eine besondere Dampfmaschine zur Betreibung der Lichtmaschinen anzuordnen. Wenn man diese so anordnet, dass
sie von dem Maschinenwärter an der Hauptmaschine mit-
beaufsichtigt werden kann, so erwachsen hierdurch keine
besonderen Arbeitskosten.

Eine Dampfmaschine zur Betreibung der Lichtmaschinen
sollte stets sehr gut sein, überall gut gearbeitet und durchaus solide. Alle Lager sollten besonders grosse Oberflächen
erhalten; auch sind grosse Schmiergefässe so anzuordnen,
dass man sie während des Betriebes bequem wieder füllen
kann, ohne viel Oel vorbeizugiessen. Die Maschine m u s s
u n u n t e r b r o c h e n l a u f e n, man kann sie nicht anhalten,
um zu ölen, ohne das Licht zu unterbrechen. Diese Er-
fordernisse, zusammengenommen mit dem eines vorzüglichen
Regulators, haben die elektrische Beleuchtung veranlasst,
eine Prämie zu setzen auf gut construirte kleine Maschinen,
und der Aufforderung wurde sehr wohl entsprochen. Es ist
gar nicht schwer, vollkommen solide Maschinen von minde-
stens 50 Fabrikanten zu erhalten. Aber die Ingenieure für
Agriculturmaschinen sind vorzuziehen bezüglich Construction,
Arbeit und Material.

Die Preise, welche vor einigen Jahren von der R. A. S. E.[1)]
offerirt wurden für ökonomischen Dampfverbrauch auf Grund
dynamoëlektrischer Bremsversuche, haben diese Ingenieure
angeregt, ständige Modelle für Maschinen von 6 bis 10 Pferdekraft zu schaffen, welche nahezu dasselbe Güteverhältnis
haben wie die grösseren und complicirteren stationären und
Schiffs-Maschinen. Wenn möglich, sollte eine Maschine, deren
Regulator auf die Expansion wirkt, einer andern vorgezogen
werden, bei welcher der Regulator den Dampf drosselt; nur
darf der Regulator nicht zu complicirt sein. Wenn anzu-
nehmen ist, dass ein derartiger Regulator häufige Adjustirung

---

[1)] Royal Agriculture Society of England.

oder irgend welche Aufmerksamkeit erfordern wird, so wähle
man lieber den weniger ökonomischen Drosselklappen-Regu-
lator. Die Herren Marshall in Gainsborough und Ran-
somes, Sims und Head in Ipswich bauen Maschinen mit
sehr vollkommener Regulirung und halten stets hinreichenden
Vorrath aller Grössen, um jeden Bedarf für elektrische Beleuchtung sogleich decken zu können. Die Arbeit beider
Fabrikanten ist tadellos, und der äusserst ökonomische
Dampfverbrauch in ihren Maschinen wird später erwähnt
werden bei der Betrachtung der von den Lichtmaschinen
absorbirten Arbeit.

Bezüglich der dynamoëlektrischen Maschinen,
wie dieselben der Kürze halber genannt werden sollen, war
unsere Wahl bis vor kurzem beschränkt auf die von Gramme
und die von Siemens. Jetzt sind die Maschinen von
Bürgin in der Schweiz, Brush, Weston und Maxim
von Amerika auf den Markt gekommen als gefährliche Concurrenten.

Es ist sehr zweifelhaft, ob die Gramme'sche und die
Siemens'sche Maschine jemals in ökonomischer Ausgiebig-
keit von einer ihrer Rivalen übertroffen ist; man muss ganz
ehrlich eingestehen, dass die späteren Erfinder nur Ver-
änderungen des Gramme'schen Ringes oder des Siemens-
schen Inductors hervorbrachten. Einige mögen vielleicht
constructive Verbesserungen eingeführt haben zur Herab-
minderung der Anlage- und Reparaturkosten, doch ist das
zweifelhaft; jedenfalls ist es sehr wahrscheinlich, dass alle
guten Maschinen einander bezüglich ihres Güteverhältnisses
so nahe stehen, dass es viel wichtiger ist, bei der Auswahl
sein Augenmerk auf andere Punkte zu richten.

Diese Punkte sind: 1. der innere Widerstand der Maschine, von dem ihre Fähigkeit abhängt, einen gleichmässigen
Strom durch einen gegebenen äusseren Widerstand hindurch-

zusenden; 2. die Solidität und Dauerhaftigkeit der Construction in mechanischer Beziehung; 3. die Abnutzung und Reparaturbedürftigkeit.

Wenn man bei einem elektrischen Beleuchtungssystem die grösste ökonomische Ergiebigkeit erzielen will, so muss man anstreben, einen möglichst grossen Procentsatz der aufgewandten Arbeitskraft auf die Erzeugung des elektrischen Flammenbogens zu verwenden. Die Arbeit, welche zur Ueberwindung aller andern Leitungswiderstände im Stromkreise ausser dem des Flammenbogens verwandt wird, geht verloren und kommt in der Erwärmung der Drahtwickelungen und der Leitungsdrähte oder in Form von Funken an den Commutatorbürsten wieder zum Vorschein.

Etwas innern Widerstand müssen die Maschinen stets haben, um überhaupt einen Strom erzeugen zu können; doch unter übrigens gleichen Bedingungen wird eine Maschine, die gerade hinreichenden Widerstand besitzt, einen gleichmässigen Lichtbogen zu erzeugen, die grösste Menge der aufgewandten Arbeitskraft in Licht umwandeln. Die Erfahrung bestimmte Siemens, den innern Widerstand seiner Maschinen auf 0,7 bis 0,75 Ohms festzusetzen. Gramme gebraucht in der Regel ca. 1 Ohm. Hieraus folgerten Schwendler, Hopsinkon, Tyndall u. a., dass die Siemens'schen Maschinen bessere Resultate gäben als die Gramme'schen; hätten sie jedoch Maschinen jener Systeme mit gleichen innern Widerständen verglichen, so würde sich wahrscheinlich ein nur unerheblicher Unterschied herausgestellt haben. Gramme baut auch Maschinen mit geringem innern Widerstande wie 0,6 Ohms, und der von ihnen erzeugte Strom ist dem von den Siemens'schen Maschinen erzeugten sehr ähnlich.

Man kann passend die von Maschinen mit geringem innern Widerstande gelieferten Ströme Ströme geringer Span-

nung, die von Maschinen mit grossem innern Widerstande
Ströme hoher Spannung nennen.

Vergleichsweise geben Siemens und Bürgin die
niedrigst gespannten Ströme, nur ein Flammenbogen kann
hervorgebracht werden, und obendrein ein kurzer [1]); sodann
kommt Gramme mit Maschinen von 1 bis 6 Flammenbögen
in einem Stromkreise, schliesslich die Brush-Maschine,
welche Ströme von einer ausreichenden Spannung erzeugt,
16 Lichter in Serien zu brennen. Die Einzellichter, welche
von Strömen geringer Spannung gespeist werden, wie Siemens, Gramme oder Bürgin, sind sehr schön und rein
in Farbe, entweder ganz weiss oder schwach gelblich, wie
Sonnenlicht. Das Licht ist kräftig und milde und durch-
dringt Nebel und dichte Atmosphäre leicht; die Farben erscheinen bei diesem Lichte gerade so wie bei dem Sonnen-
lichte. In der That wird der grösste Theil des Lichtes von
der glühenden sonnengleichen Oberfläche der oberen concaven
Kohle gegeben und nur wenig von dem Bogen.

Sowie man die Spannung vermehrt und die Quantität
vermindert, gewinnt der Strom die Fähigkeit, mehrere Lichter
zu speisen; aber die Farbe des Lichtes bleibt nicht so gut
wie vorher. Es wird weniger Licht von den glühenden
Kohlenspitzen als dem Bogen hervorgebracht, welch letzteres
häufig unangenehme violette, blaue und grüne Farbentöne
hervorbringt. Sodann verbleibt der Bogen auch nicht immer
an den beiden einander nächsten Punkten der Kohlen, sondern
er geht von entferntern Punkten der kegelförmigen Oberfläche der Kohlen aus. Deshalb ist die Lichtintensität auf
verschiedenen Seiten häufig ungleich, auch ist dies der
Grund des Zuckens und der Unbeständigkeit des Lichtes;
mit zunehmender Spannung wachsen alle diese Mängel.

---

[1]) Herr v. Hefner-Alteneck gibt als vortheilhafteste Länge des
Lichtbogens 3mm an.

Wenn man grosse Räume zu beleuchten hat, in welchen man die Lampen hoch aufhängen kann und wenn man ein ruhiges Licht von schöner Färbung braucht, so sollte man stets niedrig gespannte Ströme und Einzellichter gebrauchen. Doch hierbei sollte man nicht in das Extreme verfallen, wie Siemens durchweg und Gramme bei seinen grösseren Maschinen. Ströme von so geringer Spannung sind schwer zu reguliren, denn rein mechanische Ursachen, wie sehr geringe Längendifferenzen des Lichtbogens, wirken sehr bedeutend auf die Stromstärke ein, welche die Leitung durchströmt. Der Flammenbogen muss so regulirt werden, dass er bei maximaler Länge dennoch keinen solchen Widerstand besitzt, um ein zeitweises Verlöschen zu bewirken, und da diese Länge nur sehr klein ist, wird sich die geringste Unpräcision im Mechanismus der Lampe sehr bemerklich machen. Wenn z. B. die Bogenlänge nur $1/16$ Zoll engl. beträgt, so wird eine Unregelmässigkeit im Mechanismus, welche nur $1/32$ Zoll beträgt, event. den Bogenwiderstand um die Hälfte vermehren oder vermindern, während, wenn der Strom hinreichende Spannung besitzt, um dauernd einen Bogen von $1/8$ Zoll zu erzeugen, der nämliche Fehler den Widerstand nur um $1/4$ seiner normalen Grösse alterirt; in beiden Fällen ist die Rückwirkung auf den Strom proportional der Veränderung des Widerstandes.

Ausserdem herrscht bei kurzen Flammenbögen stets eine Tendenz, welche bewirkt, dass auf der negativen Kohle ein pilzartiges Gebilde entsteht, welches immerfort wachsend den Focus weiter in die Höhe rückt und das Licht schliesslich unterbricht oder im günstigsten Falle ein ständiges höchst fatales Zucken der Lampe zur Folge hat.

Nach vielen sorgfältigen Versuchen hat Gramme einen sehr guten Mittelwerth gefunden, indem er den innern Widerstand auf 1 Ohm normirte. Dies gibt einen Strom von hinreichender Spannung, um einen dauernden Bogen von ¼ Zoll Länge mit sehr reinem weissen Licht zu unterhalten. Dieser Strom ist leicht zu handhaben, und bei einer einigermassen guten Lampe ist keine Gefahr vorhanden, dass in Folge von Auswüchsen an der negativen Kohle Unterbrechungen eintreten oder dass der Bogen in Folge zu grosser Länge flackere oder eine schlechte Färbung annehme.

Um 2 Lichter in einem Stromkreise zu erzeugen wird der innere Widerstand der Maschinen wahrscheinlich 1,2 bis 1,4 Ohms betragen müssen. Die Gramme'sche Maschine Modell A mit nur 1 Ohm Widerstand kann bei entsprechender Vermehrung der Tourenzahl auch 2 Lichter unterhalten; aber da in diesem Falle ausser der Spannung auch die Quantität vermehrt wird, so ist mehr Arbeitskraft erforderlich und die Maschinen werden mehr beansprucht, als es im Plane des Constructeurs liegt.

Man kann auch mit Maschinen von geringerem innern Widerstande Ströme von ausreichender Spannung erhalten, wenn man sie nicht einzeln, sondern in Combinationen anwendet und eine Maschine gebraucht, um die Magnete der folgenden anzuregen.

Bis gegenwärtig ist die Brush - Maschine die einzige, welche erfolgreich hoch gespannte Ströme gebraucht. Den Angaben gemäss besitzen die grösseren Maschinen eine elektromotorische Kraft von 800 Volts. Dieselben können mit Leichtigkeit 16 Lampen speisen, und diese Theilbarkeit hat das System in Amerika sehr populär gemacht, wo dasselbe ausgedehnte Anwendung gefunden hat.

Nach dem, was früher ausdrücklich hervorgehoben wurde, muss man erwarten, dass es den Lichtern so hoch gespannter Ströme an guter Färbung und Gleichmässigkeit mangelt. Und in der That kann sich jeder Besucher des South Kensington Museum oder des Liverpool Street Terminus der

Great Eastern Railway hiervon überzeugen. Keins dieser
Lichter brennt auch nur eine Secunde ruhig; der Bogen ist
in ständiger Bewegung auf und ab und rund herum um die
Spitzen der Kohlenstifte. Für die Augen ist ein solches
Licht sehr ermüdend, und seine Leuchtkraft ist bei trübem,
nebeligem Wetter verhältnismässig gering. Wahrscheinlich
hat Brush bezüglich der Spannung seiner Ströme des Guten
zu viel gethan; wenn er sich mit 4 bis 6 Lichtern in einem
Stromkreise begnügt hätte, so würde er vortreffliche Resultate
erzielt haben.

Die Messung der Lichtintensität dieser Maschinen
geschieht in der Regel durch Vergleichung des von ihnen
erzeugten Lichtes mit dem einer Normal-Wallrathkerze,
von denen 6 ein Pfund wiegen. Die Leuchtkraft eines
Flammenbogens beträgt selten weniger als 800 und mehr
als 20000 Normalkerzen. Die letzteren grossen Lichter
werden für nautische und militärische Zwecke gebraucht.
Die Maschinen für industrielle Zwecke haben folgende Lichtintensitäten: Gramme Modell B nominell 8000, Siemens
Modell D_2 6000, Gramme Modell A und Bürgin 4000,
Siemens Modell D_6 2000 und Brush 16 Lichter à 2000,
also in Summa 32000 Normalkerzen[1]).

Das sind jedoch nur Nominalwerthe, von denen man
sich keine Vorstellung machen kann. Mr. Preece, der
Präsident der Society of Telegraphic Engineers, protestirte
in einer Versammlung gegen diesen Gebrauch resp. Miss-
brauch der Angaben über Lichtintensität und schlug vor,
Lichtintensitäten durch die Fähigkeit auszudrücken, eine
gewisse Bodenfläche in einem bestimmten Grade zu erhellen.

---

[1]) In dem uns vorliegenden Preiscourant geben Siemens & Halske
die Leuchtkraft der D_2 auf 3000 N.K., der D_6 auf 900 N.K., der D_7
auf 2000 N.K. an. Die Leuchtkraft der Brush-Lichter scheint er-
heblich geringer zu sein als 2000 N.K.

Als Ausführung jenes Vorschlages zeigt die nachfolgende Tabelle die abgerundete Anzahl von Flächeneinheiten, welche in 3 verschiedenen Helligkeitsgraden von den verschiedenen dynamoëlektrischen Maschinen erleuchtet werden. Die Höhe, in welcher die Lampen über der zu beleuchtenden Bodenfläche aufzuhängen sind, ist ebenfalls angegeben. Die Definition der drei Helligkeitsgrade ist die folgende; bei der Bestimmung war die Beleuchtung der entferntesten Punkte der Bodenfläche maassgebend. Bei dem ersten Helligkeitsgrade kann jede feine Arbeit, welche sonst eine 2 bis 3 Fuss engl. entfernte Gasflamme erfordert, verrichtet werden; bei dem zweiten Helligkeitsgrade kann eine Zeitung überall bequem gelesen werden; bei dem dritten Helligkeitsgrade sind die entferntesten Punkte der zu beleuchtenden Bodenfläche ebenso stark beleuchtet wie bei intensivem Mondschein. Jede Aussenarbeit, wie Graben, Nivelliren, Verladen von Wagen u. dgl., kann bei jeder Beleuchtung leicht ausgeführt werden. Man wird bemerken, wie vortheilhaft es ist, die Lampen hoch über dem Boden aufzuhängen [1]). Die kleinen Lichter in Barden Works, obwohl in die dritte Klasse gesetzt, erleuchten volle 10000 Quadratfuss engl. in dem zweiten Helligkeitsgrade. Kräftige Maschinen zum Ausgraben, welche eine einigermassen genaue Einstellung erforderten, arbeiteten in Entfernungen von 40 bis 60 Fuss von der Lampe ebenso gut wie bei Tageslicht.

Aus der ersten Tabelle (S. 17) und andern Angaben, entnommen Mr. Chew's Bericht über die elektrische Beleuchtung zu Blackpool, Mr. Alex. Siemens' Vortrag über „elektrische Beleuchtung" sowie den persönlichen Beobachtungen des Verfassers, die sich über manche Installation Gramme'scher Maschinen erstreckt, ist die zweite Tabelle (S. 18) zusammen-

---

[1]) Ueber die rationelle Aufhängung von Lampen siehe Zeitschrift für angewandte Elektricitätslehre Bd. 2 S. 383.

Installation	Fabrikant der Maschinen	Lichtstärke pro Flamme in N. K.	Arbeit pro Flamme in Pferdekräften	Höhe der Lampen über dem Boden		Helligkeitsgrad	Beleuchtete Bodenfläche	
				Fuss engl.	Meter		Quadrat-Yards	Quadratmeter
Stanton Iron Works Company:								
Modellgebäude . . .	Gramme	4000	2½	16	4,88	1.	277	232
alte Giesserei . .	"	4000	2¼	16	4,88	1.	320	268
neue " . .	"	4000	2½	18	5,49	1.	530	444
Montirwerkstatt	"	4000	2½	20	6,10	2.	1100	920
St. Enoch's Station, Glasgow . . .	"	4000	2¾	43	13,12	2.	2000	1670
Liverpool Street Station, London .	Brush	2000	1	18	5,49	3.	1400	1170
Alexandra Palace Lakes	Gramme	4000	4	40	12,20	3.	8000	6700
" " Groves . . .	"	4000	4	40	12,20	3.	9000	7400
Walham Green Fêtes	"	4000	4	35	10,67	3.	10000	83600
Barden Works, small lights . .	"	4000	3¼	75	22,87	3.	31000	26000
Blakpool Promenade and Pier .	Siemens	6000	4	60	18,30	3.	97000	81000
Alexandra Palace Japanese Village	Gramme	4000	7	30	9,15	3.	124000	103800
Barden Works, large lights . .	"	8000	9	80	24,40	3.	280000	234000

gestellt, welche angibt, wie viel Quadrateinheiten Bodenfläche in
jedem der drei Helligkeitsgrade durch den Verbrauch von 1 Pfd.
Kohle pro Stunde beleuchtet werden können. Zahlen, welche
zu hoch erschienen, wurden überall reducirt, so z. B. bei
Blackpool, wo jede Siemens'sche Maschine 44 Pfd (!) Kohlen
pro Stunde zu verbrauchen scheint. Hierfür wurde die Zahl
25 angenommen, da im „British Museum" eine ähnliche
Maschine nur 22 Pfd. zu verbrauchen scheint. Ferner wurde
bei dem Brush-Licht auf dem „Inflexible-Dock", wo thatsächlich 11,6 Pfd. pro Flamme verbraucht werden, nur 10 Pfd.
als Mittelwerth angegeben.

| Name der Maschine | Beleuchtete Bodenfläche | | | | | | Kohlenver- brauch pro Stunde in Kgr. |
| | 1. Hellig- keitsgrad | | 2. Hellig- keitsgrad | | 3. Hellig- keitsgrad | | |
	Quadrat- Yards	Quadrat- meter	Quadrat- Yards	Quadrat- meter	Quadrat- Yards	Quadrat- meter	
Brush . . .	16	13,40	50	41,85	140	116,9	0,5
A Gramme .	33	27,50	166	139,0	850	711,5	0,5
B Gramme .	18	15,07	100	83,7	4000	3348	0,5
D₂ Siemens .	20	16,74	100	83,7	3600	3012	0,5

Wir kommen jetzt auf die Frage der Dauerhaftigkeit
und der Solidität in der Construction dieser Maschinen.
Man muss sogleich zugestehen, dass die Maschinen von
Gramme grosse Vortheile über die von Siemens zeigen;
das Drahtgewirre an beiden Enden des Siemens'schen
Inductors kann weder in einer soliden arbeitsmässigen Weise
befestigt werden, noch kann der Inductor so leicht gewickelt
werden, dass sich ein gutes Gleichgewicht erzielen lässt.
In dieser Hinsicht ist die Maschine von Bürgin ganz besonders gut construirt. Die grosse Solidität jeder Abtheilung
des Inductors von Bürgin lässt dem Auge des Ingenieurs
die Maschine mehr als kunstgerechte Arbeit erscheinen wie
die von Siemens und Gramme. Der wunde Punkt der

Gramme'schen Maschine ist in dieser Beziehung die hölzerne Nabe, auf welcher der Inductor montirt ist. Diese lockert sich nämlich bisweilen, und so lange an dieser Stelle Holz gebraucht wird, wird die Gramme'sche Maschine an jenem Uebel leiden. Es muss freilich zugestanden werden, dass dieser Fehler nur sehr selten vorkommt; aber er ist schon vorgekommen, und er ist ein Punkt, in Bezug auf den die Gramme'sche Maschine einer Verbesserung bedarf.

Die Siemens'sche Maschine hat einen andern mechanischen Constructionsfehler. Die Lager, in welchen der Inductor rotirt, sind nicht solide genug mit dem Gestell verbunden; folglich ist es nicht schwer für den Inductor, nach und nach in eine unconcentrische Lage zu den Magneten zu gelangen. Um nun die Gefahr einer Collision des Inductors mit den Magneten zu umgehen, muss der Zwischenraum zwischen beiden vergrössert werden, wodurch die Leistungsfähigkeit verringert wird.

Die Gramme'sche Maschine ist in dieser Hinsicht besser, und die von Bürgin die beste. Bei dieser Maschine sind die Lager wie Cylinderdeckel fest gebolzt an beiden Enden der Magnete und müssen mit denselben concentrisch sein. Der Inductor, dessen Draht solide auf Metallarme aufgewunden ist, kann sich mit einem Minimum von Spielraum zwischen den Magneten bewegen.

Der nächste Theil, auf dessen Abnutzung man sehen muss, ist, wie die Bürsten auf dem Commutator schleifen. Es ist durchaus verkehrt, nur wenige Abtheilungen im Commutator zu haben; einige der älteren Maschinen hatten nur 24 Abtheilungen. Es war unmöglich, die Funkenbildung an Bürsten und Commutator zu verhindern, welche den so angefertigten Commutator gar bald aufschlissen. Wenn ein Commutator vor allen Dingen gut gearbeitet ist, so kann eine Maschine 5000 Stunden pro Jahr laufen, ohne erheb-

2*

liche Abnutzung an Commutator und Bürsten; sind jedoch
die letzteren nicht gut angebracht, so bilden sie eine ständige Quelle von Aerger und Reparaturen. Man sollte stets
durch sorgfältige Untersuchung die Stellung ausversuchen,
in welcher die Bürsten die wenigsten Funken geben, und
den Druck derselben auf den Commutator nicht grösser
nehmen, als eben erforderlich ist zum dauernden Anliegen.
Alsdann sollte man die Stellung sichern und nichts weiter
daran ändern, bis ein Nachschieben der Bürsten erforderlich geworden ist. Es ist sehr unzweckmässig, wenn man
den Strom unterbrechen will, es durch Aufheben der Bürsten
zu thun; es sollte vielmehr für jenen Zweck ein besonderer
Unterbrecher angeordnet sein. Ob der Commutator zu ölen
ist oder nicht, ist bis jetzt noch nicht entschieden; im ganzen
sind die Meinungen gegen den Gebrauch des Oeles gerichtet.
In einem Falle lief eine Gramme'sche Maschine mit 60
Abtheilungen im Commutator jährlich mehr als 4000 Stunden
ohne nennenswerthe Abnutzung am Commutator und an den
Bürsten; es wurde hierbei der Commutator nicht geölt.

Regulator-Lampen. Fast alle in England und
Schottland in Gebrauch befindlichen Regulator-Lampen sind
solche von Siemens, Serrin und Crompton. Von
Lampen anderer Constructeure sind nur sehr wenige in
regelmässigem Betriebe. Die Siemens'schen Maschinen
werden in der Regel auch mit Siemens'schen Lampen
versehen, einige mit Lampen von Serrin und Crompton.
Die letzteren haben die Serrin'schen in den letzten 6 Mo-
naten ziemlich verdrängt.

Die Lampen von Siemens und Serrin lassen bezüglich
des Mechanismus zum Nachschieben der Kohlenstäbe zu wünschen übrig; anstatt nämlich die Kohlen in gleichem Maasse,
als sie verzehrt werden, nachzuschieben, geschieht das Nachschieben in beträchtlichen Intervallen und in Längen von $\frac{1}{8}$

bis ¹/₁₆ Zoll engl., ganz wie die Lampe beschaffen ist, rein und empfindlich oder schmutzig und schwerfällig. Die Folgen dieses unregelmässigen Nachschiebens der Kohlen sind erhebliche Variationen der Funkenlänge. Wenn nun der Strom schon an und für sich zu Schwankungen geneigt ist, wie bei Maschinen niederer Spannung, werden die Stromschwankungen, von denen die Ein- oder Ausrückung des Mechanismus abhängt, so plötzlich und heftig, dass die Stromstärke fast plötzlich auf das Maass herabsinkt, welches nicht ausreicht, den Lichtbogen zu unterhalten. Dieser verlischt dann und mit ihm der Strom, bis die Kohlen sich wieder berühren und den Lichtbogen wieder herstellen.

In den Tagen der Kindheit der elektrischen Beleuchtung waren solche plötzlichen Unterbrechungen von grösserer oder geringerer Dauer, je nachdem die Lampe für grössere oder kleinere Lichtbögen regulirt war, nichts Ungewöhnliches, und sie wurden nicht beachtet; jetzt liegt die Sache anders, man würde solche Lampen auch nicht einen Augenblick dulden. Obschon solch plötzliches Erlöschen bei einer gut regulirten Serrin-Lampe nicht vorkommt, so ist ihre Functionirung dennoch hinreichend unregelmässig, um eine ständige Formveränderung der Kohlenspitzen zu bewirken. Sobald ein Nachschub erfolgt, wird das Licht in Folge der Verkürzung des Bogens ganz weiss und die Lampe zischt; wie nun der Bogen sich durch den Abbrand vergrössert, wird das Licht ruhiger, und wenn der Bogen seine normale Länge überschritten hat, wechselt die Farbe des Lichtes zwischen Weiss, Violett und bläulichem Weiss, der Bogen wird dann unruhig, fängt bisweilen an zu kreisen und gibt eine sehr unregelmässige Bodenbeleuchtung.

Diese Mängel werden häufig auf den Motor oder die Kohlenstäbe geschoben. Thatsächlich sind aber beide schuldlos, vielmehr ist der Lampenmechanismus die Ursache derselben. Wenn der Mechanismus der Lampe mit hinreichender Genauigkeit den geringen Variationen der Stromstärke oder den Potentialdifferenzen an beiden Elektroden folgt, so kann der Nachschub praktisch continuirlich gemacht werden, und ein beliebiger Motor und gewöhnliche Kohlen erzeugen ein ruhiges und gleichmässiges Licht.

Wenn wir den Regulirmechanismus einer elektrischen Lampe als Analogon des Regulators an Dampfmaschinen betrachten, wenn wir die wechselnde Intensität des magnetischen Feldes in den Elektromagneten oder Solenoiden für die wechselnde Grösse der Centrifugalkraft der Regulatorkugeln substituiren, wenn wir ferner den Mechanismus, welcher den Nachschub der Kohlen regulirt, für denjenigen setzen, welcher das Drosselventil einer Dampfmaschine regulirt, so ist der Vergleich ein vollständiger. Die Leistungsfähigkeit eines Regulators an einer Dampfmaschine hängt davon ab, ob er den geringen Variationen der Centrifugalkraft in den rotirenden Massen genau folgt. Diese Genauigkeit wird durch thunlichste Verminderung der Massen der sich bewegenden Theile gesichert. Hierdurch wird das Trägheitsmoment der ganzen Vorrichtung verringert und die Empfindlichkeit vergrössert. Jede Gewichtsvermehrung, mag sie auch noch so gut ausbalancirt sein, bewirkt, dass der Regulator die Bewegungen nur träge ausführt und über die neue Stabilitätslage hinausschiesst. Dies hat eine oscillirende Bewegung des Regulators zur Folge. In der weiteren Ausführung des obigen Vergleiches finden wir ganz dieselbe Erscheinung in höherem oder geringerem Grade bei allen elektrischen Lampen. Der Nachschub beginnt erst bei zu grosser Verminderung der Stromstärke und hört erst dann auf, wenn die Stromstärke in Folge zu grosser Annäherung der Kohlen zu stark geworden ist. In der elektrischen Lampe von Crompton ist dasselbe Verfahren angewandt, welches sich bei den Maschinenregulatoren

wirksam zeigte. Gewicht und Grösse der beweglichen Theile
der Bremse, welche den Nachschub einer oder beider Kohlen-
elektroden regulirt, sind auf ein Minimum reducirt; in einigen
dieser Lampen wiegen die beweglichen Theile nur wenige
Grains (à 0,066 g). Somit hat die variirende Stärke des
magnetischen Feldes des Elektromagneten nur eine sehr
geringe Arbeitsleistung zu verrichten.

Die Figuren auf der hinten angefügten Tafel geben
eine allgemeine Vorstellung des Arrangements der Lampen.
Der obere Theil, welcher den Mechanismus enthält, besteht
aus einer Boden- und einer Deckelplatte, vereinigt durch
ein Paar Platinen, welche das Werk einschliessen. Dieser
Theil ist von einem Glascylinder umgeben, der von in den
beiden Platten eingedrehten Nuten gefasst wird. Das Arbeiten
der Lampe kann somit überwacht werden ohne Entfernung
weiterer Umhüllungen. Soll die Lampe länger als 5 Stunden
brennen, so wird sie verlängert in Form einer langen Röhre,
welche an ihrem untern Ende die Führungen für die langen
hierzu erforderlichen Kohlenstäbe trägt. Hierdurch bleibt
die in den Stromkreis eingeschaltete Länge der Kohlenstäbe
und somit deren Widerstand während der ganzen Brenndauer
constant. Dies ist ein Punkt von grosser Bedeutung, da der
Widerstand von 24″ engl. Kohle, welche nämlich 8 Stunden
brennt, etwa 0,3 Ohms beträgt. Die Verminderung dieses
Widerstandes, wenn die Lampe eben angezündet ist, auf
einen praktisch gleich Null zu setzenden Widerstand, wenn
die Kohlen abgebrannt sind, würde einen Strom von geringer
Spannung auf das empfindlichste alteriren. Wenn die Lampen weniger als 5 Stunden zu brennen haben, so ist jener
Kohlenwiderstand nicht so wichtig, und es kann, da die
Kohlen hinreichend fest sind, sich ohne Führungen gerade
zu halten, die röhrenförmige Verlängerung fortbleiben. Fig. 1
zeigt den Mechanismus theilweise im Schnitt von der Seite

gesehen. Fig. 2 ist ein Horizontalschnitt. Fig. 3 zeigt eine volle Aussenansicht derselben Lampe in kleinerem Maassstabe. Fig. 4 ist die Hinteransicht von dem Bremsmechanismus und dem oberen Theile des Elektromagnets.

B ist die untere Kohle und B' der untere Kohlenhalter, der nach jeder Richtung genau eingestellt werden kann, wie in dem Schnitt Fig. 9 dargestellt. Das obere Ende dieses Kohlenhalters gleitet durch Löcher in den Bodenplatten b, b. In Fig. 8 ist im Schnitt die Methode der Isolirung gezeigt, vermöge deren der Strom von der negativen Kohle und ihrem Halter nach dem Elektromagneten übergeführt wird bei vollkommener Isolirung vom Lampenkörper. Ein neues Material, „vulkanisirte Faser", wurde in der Lampe durchweg zur Isolation der Achsen und Pfannen verwandt. Der Hub dieses Kohlenhalters ist durch den Bundring b' fixirt. Wenn die Lampe nicht arbeitet, wird der Kohlenhalter durch die Spiralfeder D (Fig. 4) in die Höhe gehoben, bis der Bundring b' gegen die Platte b stösst. Die Anziehung des Elektromagneten, welche auf die fest mit dem Kohlenhalter verbundene Armatur g wirkt, kann den Druck jener Spiralfeder überwinden, sobald der Strom stark genug ist, ein gutes Licht zu erzeugen, und kann den Kohlenhalter so weit herunterziehen, bis Elektromagnet und Anker in Berührung kommen; dieser wird dort festhalten, so lange jenes Minimum von Strom vorhanden ist.

Die obere Kohle wird von der massiven Messingstange C' getragen, deren Gewicht zur Bewegung der Kohlen und des Räderwerkes ausreicht. Das letzte Rad dieses Werkes steht durch die Verzahnung mit der Stange C' in Verbindung. Das erste Rad E^4 trägt entweder ein Paar Flügel oder einen Centrifugalregulator einfacher Construction in der Form eines Bremsrades. Das Uebersetzungsverhältnis ist so gewählt, dass einer Umdrehung des Bremsrades eine Bewegung der

Kohle von 0,1 ^{mm} entspricht. Auf der oberen Fläche der
vorher erwähnten Armatur g ist eine leichte Eisenplatte h
bei h' drehbar befestigt und trägt einen gekrümmten Arm kk',
der so adjustirt und gestaltet ist, dass er, wenn die Armatur
g durch die Wirkung des Stromes, wie vorher beschrieben,
heruntergedrückt ist, leicht auf dem Bremsrade aufliegt und
die geringste Zunahme des in der Armatur inducirten, auf
h wirkenden Magnetismus das Rad E^4 bremst und hierdurch
jede weitere Bewegung der oberen Kohle hindert. Die Zug-
kraft der feinen Spiralfeder l ist ein wenig grösser als das
Gewicht des Stückes h. Die Spannung der Feder l kann
durch die Schraube l' mit einem solchen Grade von Feinheit
regulirt werden, dass, wenn die Lampe gut brennt und der
Bogenwiderstand folglich normal ist, das Stück h sich im
Gleichgewicht befindet und eben das Bremsrad streift. Die
geringste Veränderung der Stromstärke und also auch des
Magnetismus stellt dann die Bremse an oder ab; wenn die
Lampe gut brennt, ist das Stück h fortwährend in Bewegung,
und das Bremsrad dreht sich nur ganz langsam, wodurch
ein sehr regelmässiger Nachschub des Kohlenstabes· bewirkt
wird. Es ist zu bemerken, dass dies Stück h zwischen zwei
Stahlspitzen läuft, welche kein Oelen erfordern; es ist dies
(h) der einzige Theil, welcher sich beim Nachschieben bewegt.
In den Lampen von Serrin und Siemens müssen erst
schwer gleitende Stücke oder bewegliche Parallelogramme
in Bewegung gesetzt werden, und wenn man bedenkt, wie
beträchtlich das Reibungs- und Trägheitsmoment jener
schweren Theile ist und wie sehr ihre freie Bewegung durch
verdicktes oder geronnenes Oel, Schmutz, Staub etc. afficirt
wird, so ist es leicht einzusehen, dass der Nachschub an
solchen Lampen nicht regelmässig sein kann. Er wird stets
mehr oder weniger intermittirend sein, je nachdem die Lampen
rein sind oder nicht.

Diese Beschreibung bezieht sich nur auf Lampen für Ströme niederer Spannung, wo also nur eine Lampe in den Stromkreis der Maschine eingeschaltet wird. Diese Lampen arbeiten alle durch die Veränderung der Stromstärke, verglichen mit der einmal fixirten Spannung der Feder l, wodurch h gehoben oder herabgedrückt und somit das Rad gebremst wird. Aber wenn mehr als eine Lampe in einem Stromkreise brennen soll, arbeiten diese Lampen nicht gut, da das Abschwächen des Stromes durch eine Lampe nicht allein in ihr selbst, sondern auch in den übrigen Lampen des Stromkreises ein Nachschieben bewirken würde, ohne Rücksicht auf deren Nothwendigkeit. Man muss in diesem Falle ein anderes Arrangement treffen, damit jede Lampe unabhängig von der Stromstärke ihre Kohlen nachschiebt; die Feder l wird dann ersetzt durch einen kleinen Elektromagneten mit sehr feinem Draht und einem Widerstand von 80 bis 100 Ohms. Die Enden dieses Drahtes sind mit den Hauptleitungsdrähten verbunden da, wo sie in die Lampe eintreten und dieselbe verlassen. So passirt ein Bruchtheil des Stromes stets den kleinen Elektromagneten, gleichviel ob der Strom stark ist oder nicht. Aber mit dem Bogenwiderstande ändert sich auch das Verhältnis der Stromstärken in dem Bogen und der Nebenschliessung und folgeweise ebenso das Verhältnis der Anziehung beider Elektromagnete auf das Stück h. Ein hoher Bogenwiderstand wird bewirken, dass die Anziehung des kleinen Elektromagneten überwiegt, das Stück h gehoben wird und die obere Kohle herabsinkt. Umgekehrt wird ein geringer Bogenwiderstand den grossen Elektromagneten veranlassen, das Stück h unten festzuhalten und den Kohlenhalter zu arretiren. So wird der Nachschub der Lampe nicht mehr von der Stromstärke abhängen, vorausgesetzt, dass sie nicht unter jenes Maass herabsinkt, welches ausreicht, die Spannung der grossen Feder

zu überwinden und den grossen Anker unten festzuhalten;
aber er wird abhängen von dem Verhältnis der Stromstärken
in den Kohlenstiften und der Nebenschliessung, oder mit
andern Worten von der Potentialdifferenz an beiden Seiten
des Bogens. Durch geringes Heben oder Senken des kleinen
Elektromagneten kann die Lampe so adjustirt werden, dass
diese Potentialdifferenz in einer gewissen Grösse erhalten
wird und die Lampe innerhalb weiter Grenzen der Stromstärke brennt.

Bei einer andern Form der Lampe ist die untere
Kohlenspitze fest und die obere Kohle wird sammt dem
Räderwerke gehoben, um Raum zu geben für den Bogen.
Die obere Kohle kann in die Mitte der Lampe gebracht
werden, so dass sich die kugelige Form der Laterne direct
an dem untern Ende der Lampenröhre anschliesst. Das
Werk zum Nachschieben ist gerade so wie bei den früher
beschriebenen Lampen. Die Anzahl der Theile in diesen
Lampen beträgt nur die Hälfte derjenigen in den Serrin-
Lampen. Alles ist genau nach Maass gearbeitet; die Zapfen
laufen in harter Phosphorbronze und die beweglichen Theile
erfordern keine Schmierung.

Laternen. Wenn die Lampen im Freien, in einer
Werkstatt, oder einem andern Orte brennen, wo ein be-
trächtlicher Luftzug herrscht, so sind Laternen nöthig, um
sie hiergegen zu schützen.

Fig. 7 stellt eine passende Form dar zum Aufhängen
an den Rahen beim Verladen von Schiffen oder zur Benutzung
in den Schachten von Bergwerken Die Laterne ist besonders
stark und besitzt einen emaillirten weissen Reflector von
4′ Durchmesser; die Verglasung wird bei etwaigen seitlichen
Schwingungen durch bearbeitete Eisen- oder Messingstäbe
gegen Verletzung geschützt. Der Boden dieser Laterne wird
durch eine Talkplatte gebildet.

Fig. 5 zeigt eine grosse Laterne zum Gebrauch für das in Fig. 3 dargestellte grössere Modell der Lampe. Diese Laterne ist achteckig und hat über dem Lichte einen achteckigen Reflector aus Spiegelglas. Dies ist die in St. Enoch's Station gebrauchte Form. Die Reflectoren sind angegeben von Sir William Thompson, F. R. S., und dienen zum Reflectiren der oberen Lichtstrahlen. Einige halten auch den Krater eines gut regulirten Bogens für einen bessern Reflector als jene Spiegelreflectoren von zweifelhaftem Werthe, deren Form es erschwert, mit wenigen Rahmenstangen auszukommen; und diese letzteren werfen stets unangenehme Schatten auf den Boden. Um diesen Mangel zu heben kann, wenn die Lampen weniger exponirt sind, ein rundes Modell gebraucht werden. Dieses besteht aus einem dünnwandigen Cylinder französischen Glases von 12″ oder 14″ engl. Durchmesser und 24″ Höhe, getragen von 3 dünnen Messingdrähten. Der Boden desselben wird durch eine auf einem leichten drehbaren Rahmen befestigte Talkplatte verschlossen; der Rahmen wird an den erwähnten 3 Messingdrähten aufgehängt. Die von den Drähten und dem Rahmen geworfenen Schatten sind nur klein und nicht lästig. Diese Form der Laterne ist zerbrechlicher und kann daher nicht zum Aufhängen fertig versandt werden, sondern sie muss aus einander genommen und Stück für Stück verpackt werden. Dies ist unangenehm, wenn man an dem Orte, wo die Installation gemacht werden soll, keine gute Arbeit haben kann.

Die von den grösseren Lichtern ausgesandte Wärme ist sehr beträchtlich. Für diese Lichter müssen die Laternen so gross sein, dass die Glasscheiben 11″ von den brennenden Kohlen entfernt sind.

Lampenaufzüge. Lampen für Innenbeleuchtung können dort, wo wenig oder kein Zug herrscht, ohne Laternen gebraucht werden. In diesem Falle werden sie am besten getragen in einem unterhalb emaillirten Schirm von Eisenblech, welcher mittels eiserner Klammern von zwei biegsamen Drahtseilen getragen wird. Diese gehen über zwei am Dache befestigte Scheiben nach einem runden Gegengewicht hin ab; mittels eines an einer langen Stange befestigten Hakens kann die Lampe so auf und ab bewegt werden. Die Leitungsdrähte sind an der Lampe befestigt und hängen in einem solchen Horizontalabstande vom Dache herab, dass sie jene Verticalbewegung gestatten. Am besten ist es, in der Nähe jeder Lampe einen Umschalter derartig anzuordnen, dass sie an- und abgestellt werden kann, ohne sie zu berühren; diese Umschalter sind so construirt, dass der Contact völlig sicher ist und die Oberfläche durch den Druck einer langen kräftigen Spiralfeder stets rein erhalten wird.

Dieser Umstand war bei den ersten Umschaltern für elektrische Beleuchtung nicht hinreichend berücksichtigt. Wenn man auch durch schnelles Drehen der Contactkurbel die Funkenbildung thunlichst verhindert, so findet dennoch stets ein geringer Metallconsum statt, und in den schwachen Dingern, welche von Frankreich aus in den Versand kamen, fand bald kein Contact mehr statt. Mancher schlechte Strom und unbeständige Beleuchtung wurden durch die Vernachlässigung dieses scheinbar unwesentlichen Theiles der Installation verursacht. Die Contactkurbel sollte von Kupfer sein, und die Feder, durch deren Zug die Contactflächen auf einander gedrückt werden, sollte eine lange Spiralfeder sein, die auch bei grosser Abnutzung der Contactflächen ausreicht.

Sehr zweckmässig ist es, Schlüssel mit 3 oder mehr Contacten zu versehen, um verschiedene Widerstände in die Leitung einschalten zu können. Die Widerstandsrollen werden am besten gemacht aus Neusilberdraht Nr. 10 B. W. Gauge (= 3,4 ^{mm}), ihr Widerstand betrage 1—10 Ohms. Mit Hilfe derselben kann Strom- und Lichtstärke in beträchtlichen Grenzen variirt werden, ohne das Licht zu unterbrechen.

Kabel und Drähte. Die billigste und in vielen Fällen die beste Einrichtung der Drahtleitung besteht darin, dass ein blanker Kupferdraht an Stangen oder, falls Häuser in der Nähe sind, an Trägern, welche an denselben angebracht sind, befestigt wird. Für die leichten Drähte Nr. 4 und 5, welche bei langen Leitungen angewandt werden, sind Crighton's Isolatoren[1] sehr zu empfehlen. Der Draht wird erst in die Höhlungen gelegt, gestreckt, und wenn die Linie fertig ist, werden die Keile eingelegt und die Kappen fest aufgeschraubt.

Der Draht sollte nur dann gerade auf die Lampen zugehen, wenn sie unbeweglich sind, was nur selten der Fall ist, da die Laternen in der Regel heraufgezogen und herabgelassen werden, um die Kohlen zu wechseln und um sie zu reinigen. Die letzten 30 oder 40′ sollten aus sehr biegsamem Kabel bestehen. Das 19 drähtige der Silvertown Company ist viel biegsamer als das 7 drähtige anderer Fabrikanten. Das Kabel sollte stets mit Gummi isolirt sein. Das billigere, mit Band bewickelte verliert in der Nähe der Lampen in Folge des Anfassens bald die Isolation. Kurzer Schluss und Verlöschen des Lichtes sind die häufigen Folgen der Vernachlässigung dieser Vorsicht. Mit Gramme'schen Maschinen Modell A genügen die nachfolgenden Drahtgewichte per 100 Yards (à 0,91437 ^{m}). In dringenden Fällen kann man sich mit der Hälfte der hier gegebenen Gewichte begnügen, aber die Maschinen müssen dann 200—300 Touren mehr machen, und die Anlage ist nicht mehr ökonomisch. Bei Bestellungen von Leitungsdrähten sollte stets eine Leitungsfähigkeit von wenigstens 96 % des reinen Kupfers verlangt

---

[1] Siehe Zeitschrift für angewandte Elektricitätslehre Bd. 3 S. 27.

werden. Diese Leitungsfähigkeit ist leicht zu erhalten und wird von guten Fabrikanten garantirt.

Entfernung von der Maschine in Yards	Kupfergewicht per 100 Yards in Kgr.	Nächste Nr. B. W. Gauge	Durch- messer in Mm.	Widerstand per 100 Yards in Ohms*)
50	5,67	Nr. 11	3,05	0,23
100	7,09	10	3,40	0,177
150	8,94	8	4,19	0,124
200	14,39	6½	4,86	0,095
250	17,44	5½	5,38	0,075
300	19,18	5	5,59	0,066
400	21,36	4	6,05	0,056

*) 1 Ohmad = 1,0486 S. E.

Kohlen. Die Auswahl der Kohlen ist fast der wichtigste Punkt sowohl für gutes Arbeiten der Maschinen als auch der Lampen. Durch schlechte Kohlen kann eine Maschine und Lampe ernstlich beschädigt werden. Hat eine Kohle eine Stelle von grossem Widerstand, der vom Bogen weit entfernt liegt, so erwärmt sich jene Stelle immer mehr. Ist eine Rothgluth erreicht, so verringert sich der Durchmesser immer mehr, bis schliesslich die Kohle bricht und möglicherweise kurzen Schluss macht. Ist die Maschine alsdann eine von geringer Spannung, so ist eine gefährliche Erhitzung des Inductors die Folge. Neben diesem bedenklichen Fehler, der nicht durch Besichtigung der Kohlen, bevor man sie in die Lampe steckt, vermieden werden kann, haben die käuflichen Kohlen mehr oder weniger folgende Fehler, und es sind diejenigen die besten, welche von denselben möglichst frei sind: 1. Hohen Widerstand der Kohle selbst, unabhängig vom Lichtbogen; 2. geringe Härte, welche mit starkem Abbrand verknüpft ist; 3. Asche beim Verbrennen; 4. Färbung des Lichtes, auch bei kurzen Bögen; 5. Zischen und Knattern; 6. unregelmässigen, schlecht

geformten Krater der positiven Kohle, auch bei gut regulirter
Lampe; 7. abnorm lange Bögen, welche durch Entwicklung
gut leitender Gase bewirkt werden (solche Kohlen machen
den Lichtbogen zu einer Gasflamme, die man nicht reguliren
kann); 8. mangelnde Geradheit und Unregelmässigkeit des
Querschnittes.

Gaudoin gelang es kurz vor seinem Tode, die vor-
trefflichsten Kohlen herzustellen. Dieselben waren von jedem
Fehler fast vollkommen frei, mit Ausnahme des letzten; sie
waren nicht gerade und ihre Dicke war ungleich. Im übrigen
gaben sie ein glänzendes, weisses Licht ohne Geräusch, waren
frei von Asche und bildeten einen schönen Krater an der
oberen Kohle. Sie waren der Vollendung nahe; augen-
scheinlich nahm er das Geheimnis ihrer Fabrikation mit ins
Grab.

Nach ihm kommt Sautter & Lemonnier. Diese
Kohlen sind sehr regelmässig und gerade. Sie sind hinreichend frei von allen Mängeln. Niemand der jetzigen
Fabrikanten liefert Kohlen von solch hoher Gleichmässigkeit,
und dies allein genügt schon, ihnen die erste Stellung zu
geben; unglücklicherweise fabriciren sie die grösseren Stärken
über 15 mm Durchmesser nicht.

Carré's Kohlen haben die Fehler 4 und 5, sie brennen
blau und violett und zischen stets. Die Kohlen sind sehr
regelmässig und werden allein auch in grösseren Stärken
angefertigt.

Siemens' Kohlen sind sehr unregelmässig bezüglich
des Widerstandes und haben auch die Fehler 3, 4, 5.

Gray's Kohlen, in Silvertown gemacht, sind regelmässig
und gut gearbeitet, frei von Geräusch, aber sie verschwenden
Licht, um jene Geräuschlosigkeit zu erzielen, geben viel Asche
und, was das schlimmste ist, sie entwickeln im Bogen viel
Gas, wodurch er viel zu lang wird.

Man sagt, dass die von der Brush Company gebrauchten
Kohlen die besten von allen seien, da sie sehr rein wären
und daher ein aussergewöhnlich weisses Licht gäben. Wahrscheinlich geben diese Kohlen einen Bogen von grosser Leitungsfähigkeit, ähnlich wie diejenigen Gray's, wodurch sie
vor allen die Fähigkeit erlangen, viele Bögen in einem Stromkreise zu erzeugen." Dies ist übrigens nur eine Vermuthung,
da die Company keine Kohlen für andere Systeme oder
Lampen abgibt.

Die „Electric Carbon Company", erst seit kurzem auf
dem Markt, hat recht gute Kohlen producirt. Mr. Hedges
hat einige davon mit Eisen überzogen, mit hervorragendem
Erfolge. Die Kohlen brennen länger, und das Eisen trägt
wesentlich zu der weissen Färbung des vom Bogen aus-
gestrahlten Lichtes bei.

Von Sautter & Lemonnier's oder Carré's Kohlen
von 13^{mm} Durchmesser verbrennt pro Stunde $2^5/_8''$ bei dem
Strom einer Gramme'schen Maschine A, die 850 Touren
macht und ein Licht gibt, wie in den Tabellen angegeben.

Wenn $3''$ pro Stunde verbrannt wird, so ist das Licht
nicht so beständig, da der Strom für diesen Durchmesser zu
stark ist; alsdann sollten Kohlen von 15^{mm} Durchmesser
gebraucht werden.

Die Kohlen der andern Fabrikanten brennen bei dem-
selben Strome schneller ab, zwischen $2^3/_4 — 3^1/_4''$ pro Stunde.

Betriebskosten. Die Betriebskosten der Maschinen
A und D_2 von Gramme resp. Siemens betragen 4—13 d.[1]
pro Licht und Stunde, je nach dem Preis der motorischen
Kraft, den Ueberwachungskosten, Anzahl der Lichter und
Anzahl der Betriebsstunden.

---

[1] 1 d. $= 8^1/_2$ ₰.

Wenn eine sehr gute Dampfmaschine zur Betreibung einer Installation von 12 G r a m m e 'schen *A*-Lichtern benutzt wird, so ist 4,02 d. pro Licht und Stunde das niedrigste, was man rechnen kann. In diesem Falle sind die einzelnen Posten folgende: Brennmaterial 0,72 d., Kohlen 2,0 d., Oel 0,1 d., Ueberwachung 1,0 d., Reparatur 0,2 d. Die nächste Annäherung der Praxis an jene Zahlen bilden die Betriebskosten der Lichter in der Giesserei zu Stanton Iron Works mit 3,2 d.: Brennmaterial nichts, Kohlen 2,4 d., Oel 0,2 d., Ueberwachung 0,5 d., Reparaturen 0,1 d. Für Brennmaterial etc. erwachsen weiter keine Ausgaben, da der Dampf den Kesseln für die Gebläse entnommen wird.

Die Lichter im Alexandrapalast kosten 13,1 d.: Brennmaterial und Oel 1,4 d., Kohlen 2,4 d., Ueberwachung 9,0 d., Reparaturen 0,5 d. Dies würde hoch erscheinen, läge nicht die Veranlassung in den grossen Ausgaben für Ueberwachung, welche durch die geringe Anzahl der Arbeitsstunden und den Umstand bedingt ist, dass der ganze Apparat häufig verändert werden muss. Wenn 12 Lichter vorhanden wären, könnten die Ueberwachungskosten auf 1,0 d., die Gesammtkosten also auf 5,1 d. zurückgeführt werden.

In Barden Reservoir Works sind die Betriebskosten etwas höher, da die Dampfmaschine nicht so ökonomisch ist und Arbeit und Brennmaterial dort theurer sind.

Die G r a m m e 'schen *A*-Lichter kosten je 7 d.: Brennmaterial und Oel 1,8 d., Kohlen 2,4 d., Ueberwachung 2,7 d., Reparaturen 1,0 d.

Die G r a m m e 'schen *B*-Lichter kosten je 12,6 d.: Brennmaterial und Oel 3,7 d., Kohlen 5,0 d., Ueberwachung 2,7 d., Reparaturen 1,2 d.

Im British Museum scheinen, den Angaben des Herrn Alex. S i e m e n s gemäss, die Kohlen sehr kostspielig zu sein; auch sind Extra-Ausgaben für Brennmaterial vorhanden, da die Kessel stets unter Dampf stehen müssen, um bei nebeligem Wetter stets bereit zu sein. Als Durchschnitt von 360 Stunden ergeben sich die Kosten der 4 Lichter von gleichgerichteten Strömen, jedes von 4000 N. K., so weit sie von jenen der Wechselstromlampen zu trennen sind, pro Licht und Stunde zu 12,05 d.: Brennmaterial und Oel 2,5 d., Kohlen 5,5 d., Ueberwachung 3,9 d., Reparaturen 0,15 d.

Mr. Chew gibt die Kosten von Siemens' D_2-Lichtern zu Blackpool, welche täglich $5\frac{1}{2}$ Stunden brennen, pro Stunde und Flamme an zu 11,6 d.: Brennmaterial und Oel 2,9 d., Kohlen 2,7 d., Ueberwachung 5,5 d., andere Ausgaben 0,5 d.

Herr Alex. Siemens gibt die Kosten der D_6-Lichter zu 5 d. an.

Indem wir alle diese Daten, so weit wir können, vergleichen, können wir sagen, dass Gramme's A-Licht und Siemens' D_6-Lichter von 4 d., als einem Minimum, an bis 8 d., als einem Maximum, zu betragen scheinen, und dass 6 d. ein guter Mittelwerth ist. Aehnlich kosten die grösseren Lichter, Gramme's B und Siemens' D_2, von 7 d., als Minimum, an bis 14 d., als Maximum, und $10\frac{1}{2}$ d. ist ein guter Mittelwerth.

Es ist wohl fast unmöglich, die Kosten der Brush-Lichter hiermit irgendwie in Parallele zu stellen. Die Anglo-American Company macht in ihren Circularen Angaben, die völlig absurd sind, und sie versucht nicht, ihre Angaben dadurch zu bestätigen, dass sie ähnliche Betriebskosten wie oben angibt. Wahrscheinlich ist der niedrigste Satz für ein Brush-Licht 2 d. pro Stunde. Unter Annahme dieses Satzes ist die folgende Tabelle ein Versuch, die verschiedenen Systeme zu vergleichen durch Angabe der Quadratyards-Bodenfläche, welche in den drei vorerwähnten Helligkeitsgraden pro 1 d. Betriebskosten beleuchtet werden.

System	Erster Helligkeitsgrad		Zweiter Helligkeitsgrad		Dritter Helligkeitsgrad	
	Quadrat-Yards	Quadrat-meter	Quadrat-Yards	Quadrat-meter	Quadrat-Yards	Quadrat-meter
Brush	80	67	250	208	700	592
A Gramme . . .	80	67	400	337	2000	1670
B Gramme . . .	52	44	400	337	11500	9600
D_2 Siemens . .	48	40	400	337	8600	7200

Die kleinen Lichter übertreffen die grossen bei dem ersten Helligkeitsgrade in Folge des mit letzteren verbundenen grossen Lichtverlustes; beim zweiten Helligkeitsgrade sind beide gleich, und beim dritten Helligkeitsgrade ist es leicht einzusehen, wie grosse, hoch aufgestellte Lichter ausserordentlich ökonomisch sind.

Jedes System wird ohne Zweifel Anwendungen finden, für welche es am besten geeignet ist; aber es ist überraschend, wie wenig Vortheil durch kleinere Lichter, als Gramme's *A* oder Siemens D_6, für die industrielle Anwendung gewonnen wird. Diese sind beide so ökonomisch in der Erzeugung des Stromes, dass sie in der Nähe einen Ueberfluss von Licht geben und dass die Grenzen von beiden beleuchteten Bodenflächen ebenso stark beleuchtet werden als von den kleineren Lichtern hochgespannter Ströme.

Preise der dynamoëlektrischen Licht-maschinen.

			$\mathcal{M}$
G r a m m e	Modell B gibt 1 Licht von 8000 N.K.	. . . .	2000. —.
„	„ A gibt 1 Licht von 4000 N.K.	⎫	
„	„ A gibt 2 Lichter, jedes von 4000 N.K.	⎬	1500. —.
S i e m e n s	„ D_2 gibt 1 Licht von 6000 N.K.	. . . .	1800. —.
„	„ D_6 gibt 1 Licht von 2000 N.K.	. . . .	900. —.
B ü r g i n	„ B gibt 2 Lichter, jedes von 4000 N.K.	.	1500. —.
„	„ A gibt 1 Licht von 6000 N.K.	. . . : .	1400. —.

Lampen.

„Crompton's" Patent-Regulatorlampen: $\mathcal{M}$

Modell E' für Gramme's B oder Siemens, brennt 6 Stunden	310. —.
„ E für Gramme's A oder Bürgin's A, brennt 6 St. .	270. —.
„ F' für Gramme's B oder Siemens, brennt 8 St. . .	350. —.
„ F für Gramme's A oder Bürgin's A, brennt 8 St. .	310. —.
„ E differential für 2 Flammen in einem Stromkreise mit Gramme's A oder Bürgin's B, brennt 6 St.	290. —.
„ E' differential für 2 Flammen in einem Stromkreise mit Gramme's A oder Bürgin's B, brennt 8 St.	320. —.
„ G differential für 2 Flammen in einem Stromkreise mit Gramme's A oder Bürgin's B incl. Glasglocke etc., brennt 8 St.	320. —.

Laternen.

$\mathcal{M}$

Gehänge mit weisslakirtem Bodem für Lampen, die ohne L a t e r n e n gebraucht werden . . . . 50. —.

Cylindrische Laternen, bestehend aus Gehänge, dünnem Glascylinder mit Talkboden zum Oeffnen beim Kohlenwechseln . . . . 70. —.

Laterne, bestehend aus Gehänge und gut geschliffenem Glas, welches keine Schatten wirft . . . . 80. —.

Laterne wie oben, jedoch mit Prismen und facettirten Gläsern verziert . . . . 170. —.

M.

Laterne, vierkantig, ohne Reflector, für die Differentiallampen
　　E und *E'* . . . . 　92. 50.
　do.　sechskantig, mit Reflector, für die Differentiallampen
　　E und *E'* . . . . 　152. 50.
　do.　sechskantig, mit Reflector, für die Lampen *F* und *F'*　210. —.
Schaltbrett mit 4 Umschaltern aus Bronze, mit 3 Con-
　tacten und verschiedenen Widerstandsspulen aus Neu-
　silberdraht, Mahagoni polirt . . . . 　100. —.
　do.　mit 2 Umschaltern . . . . 　60. —.
Umschalter aus Bronze mit 3 Contacten . . . . 　20. —.
Unterbrecher . . . . 　9. —.
　Schlüssel dazu . . . . 　1. —.
Widerstandsspulen aus Neusilber von 1—10 Ohm, jede . 　1. 50.
Tangentengalvanometer, grosses, zur Strommessung, complet
　in Mahagonikasten . . . . 　147. —.
„Crompton's" Photometer für elektrisches Licht, complet
　in Kasten . . . . 　378. —.

Preis der Motoren für Lichtmaschinen.

Gasmaschinen, mit allen neuesten Verbesserungen versehen, verbrauchen pro Stunde und Pferdekraft 1cbm Gas:　　*M.*

　3½ Pferdekraft, 1 Licht zu 6000 N.K. . . . . . 　3480.
　8　　„　　2 oder 3 Lichter zu 6000 N.K. . 　5120.
　12　　„　　4 oder 5 Lichter zu 6000 N.K. . 　6200.
　16　　„　　5 oder 6 Lichter zu 6000 N.K. . 　7200.

Selbständige verticale Dampfmaschinen.

Effect in Pferden	Preis der Maschine incl. Kessel	Preis der Maschine mit Wasser-reservoir und Nothpumpe	Preis ohne die-selben	Anzahl der Lichter und Intensität in N.K.	
	M.	*M.*	*M.*	Lichter	N.K.
1½	1245	545	455	1	3000
2½	1675	775	655	1	4000
3	1890	890	770	1	6000
4	2320	1120	980	1	6000
5	2750	1350	1210	2	4000
6	3080	1500	1340	2	6000
8	3840	1900	1720	3	4000

　　Dieselben sind mit Patent-Expansionsregulator und allen neuesten
Verbesserungen versehen.

Horizontale stationäre Dampfmaschinen.

Ausgerüstet mit Patent-Expansionsregulator etc.

Effect in Pferden	Preis der Maschine ohne Kessel ℳ	Preis der Maschine auf Röhrenkessel in Locomotivform ℳ	Anzahl der Lichter und Intensität in N.K.	
			Lichter	N. K.
4	1320	2920	1	6000
6	1780	3550	3	6000
8	2240	4140	4	6000
10	2700	4800	6	6000
12	3160	5560	12	6000
16	4080	7580	16	6000

Vorgelege für 4 Lichter . . . ℳ 400.
do. „ 6 „ . . . „ 600.
do. „ 8 „ . . . „ 700.
do. „ 12 „ . . . „ 800.
Riemen, beste gestreckte, einfache Riemen:
Breite $3\frac{1}{2}''$ engl. ℳ 1. 68. per Fuss engl.
„ 4 „ „ 1. 94. „ „ „
„ $4\frac{1}{2}$ „ „ 2. 17. „ „ „

Preisliste von Kohlenstäben (per Meter).

Durchmesser in Mm.	1. Qualität		2. Qualität		Gesägte
	frei ℳ	verkupfert ℳ	frei ℳ	verkupfert ℳ	frei ℳ
7	1,43	1,60	1,00	1,17	—
8	1,60	1,77	1,08	1,34	—
9	1,85	2,00	1,26	1,43	—
10	2,17	2,43	1,43	1,68	—
11	2,26	2,51	1,47	1,85	2,89
12	2,34	2,60	1,68	1,98	3,04
13	2,51	2,81	1,85	2,17	3,43
14	2,85	3,17	2,00	2,34	3,68
15	3,26	3,60	2,26	2,43	3,98
16	4,00	4,34	2,34	2,51	4,30
17	4,26	4,72	2,60	2,94	—
18	4,43	4,94	2,77	3,04	4,94
19	5,85	6,43	3,04	3,38	—
20	—	—	3,31	3,55	5,51

Kabel.

19 drähtiges Kupferkabel aus verzinntem Draht, isolirt, mit Gutta-percha und mit Band umwickelt:

für Stromkreise von 50 Yards . . . $\mathcal{M}$ —. 77. per Yard
,,   ,,   ,, 100   ,,   • • • ,, —. 81. ,,   ,,
,,   ,,   ,, 150   ,,   • • • ,, 1. —. ,,   ,,
,,   ,,   ,, 200   ,,   • • • ,, 1. 34. ,,   ,,
,,   ,,   ,, 250   ,,   • • • ,, 1. 51. ,,   ,,

Preise von Draht, Reservetheilen von Lampen etc.

Massiver Kupferdraht, garantirt 96 % Leitungsfähigkeit.

11—16 B. W. G. . . . . per Pfd. engl. $\mathcal{M}$ 1. 09.
4—10   ,, ... ,, • ,,   ,,   ,, 1. —.
„Crighton's" Patentisolatoren . . . . . per Dutzend ,, 30. —.
Klemmen für Kabel und massiven Draht zu Nr. 5 per Stück ,, —. 60.
do.   ,,   ,,   ,,   ,,   ,,   ,, 5¼—9 pr. St. ,, —. 51.
do.   ,,   ,,   ,,   ,,   ,,   ,, 10—16 ,,   ,,   ,, —. 43.
Bürsten für Gramme's B oder Bürgin's Maschinen, 2″ breit,
                            das Paar . . . ,, 6. —.
   do.   für Gramme's A oder Bürgin's Maschinen, 1¼″ breit,
                            das Paar . . . ,, 4. —.

Reservetheile von Lampen.

Obere Kohlenhalter . . . . per Stück $\mathcal{M}$ 1. 51.
Untere Kohlenhalter complet . . . . ,,   ,,   ,, 5. —.
T-Stück . . . . ,,   ,,   ,, 1. 51.
Schrauben für die Kohlenhalter . . . . . per Dtz. ,, 3. —.
Hauptfeder . . . . per Stück ,, —. 51.
Kleine Feder . . . . ,,   ,,   ,, —. 9.
Talkplatte für den oberen Kohlenhalter . . ,,   ,,   ,, —. 51.
Kohlenzangen . . . . per Paar ,, 2. —.
Lampenschlüssel . . . . per Stück ,, 1. —.

Transportable elektrische Beleuchtungs-einrichtung complet.

Bestehend aus einer 8 pferd. transportablen Dampfmaschine mit variabler Expansion, Riementransmission, Karre mit 4 Gramme'schen Maschinen (A), 3 Kabeltrommeln und 800 Yards besten Kabels, 5 „Crompton's" Patent-Regulator-lampen, 4 vierkantigen Laternen, 4 Umschaltern mit diversen Widerständen, getheerten Laken, Werkzeugkasten, complet $\mathcal{M}$ 16400.

Bestehend aus einer **6 pferd. Maschine** und Karren mit
2 Gramme'schen Maschinen (*A*), 3 Kabeltrommeln,
400 Yards Kabel, 3 „Crompton's"-Patent-Regulatorlampen, 2 vierkantigen Laternen, 2 Umschaltern etc.　*M.* 11700.
Transportables Gestell, 35′ hoch, bestehend aus 2 Paar
Klappleitern, mit Balkenfundament und Arm zum Aufhängen der Lampen . . . . 　„　500.
(Kann in 30 Minuten ausgepackt und aufgerichtet werden.)

Approximativer Kostenanschlag für die Installation eines Lichtes von 6000 N. K.

Eine **3 pferd. Dampfmaschine** bester Construction, montirt
an der Seite eines verticalen Kessels mit gekreuzten
Röhren; 1 Gramme'sche Maschine nebst Riemen,
60 Yards Kabel, 1 „Crompton's"-Patent-Regulatorlampe,
1 Laterne dazu, Montage, Inbetriebsetzung und Anleitung zum Betriebe (in London oder 50 Meilen engl.
davon entfernt) . . . . 　*M.* 5200.
do., jedoch mit 3½ pferd. Gasmaschine . . . . 　„　6880.

Zwei grosse Lichter à 6000 N. K.

Eine **4 pferd. Dampfmaschine** wie oben; 2 Gramme'sche
Maschinen nebst Riemen, 2 Kabel à 60 Yards, 2
„Cromptons"-Patent-Regulatorlampen, 2 Laternen dazu,
Montage, Inbetriebsetzung und Anleitung zum Betriebe　*M.* 7800.
do., jedoch mit 4 pferd. Gasmaschine . . . . 　„　10800.

Approximativer Kostenanschlag für 4 grosse Lichter à 6000 N. K.

Eine **6 pferd. Dampfmaschine** neuester Construction,
montirt auf horizontalem Röhrenkessel mit variabler
Expansion (die Maschine kann bis 20 Pferde leisten);
Vorgelege dazu, Riemen, 4 Gramme'sche Maschinen;
4 Kabel à 60 Yards; 4 „Crompton's"-Patent-Regulatorlampen, die 9 Stunden ohne jede Aufsicht brennen;
4 Laternen; Montage, Inbetriebsetzung und Anleitung
zum Betriebe . . . . 　*M.* 14400.

R. E. Crompton.

Die elektrischen Naturkräfte.

Der Magnetismus, die Elektricität und der galvanische Strom

mit ihren hauptsächlichsten Anwendungen gemeinfasslich dargestellt

von

Dr. Philipp Carl,

Professor an der kgl. Kriegs-Akademie in München.

Zweite Auflage. Mit 110 Holzschnitten. Preis M. 3. geb. M. 4.

Hilfstafeln

für

Messungen elektrischer Leitungswiderstände

vermittelst

der Kirchhoff-Wheatstone'schen Drahtcombination

berechnet von

Dr. Eugen Obach.

Lex.-8. 16 Seiten, 40 Tabellen und 2 lithogr. Tafeln.

Separat-Abdruck aus der „Zeitschrift für angewandte Elektricitätslehre."

Preis M. 2. 40.

Geschichte

der

TECHNOLOGIE

seit der Mitte des achtzehnten Jahrhunderts

von

Karl Karmarsch.

8⁰. 392 Seiten. Preis M. 11. —.

Geschichte der Mathematik

in

Deutschland

von

C. J. Gerhardt.

8⁰. 307 Seiten. Preis M. 4. 80.

Handbuch
für
Steinkohlengasbeleuchtung
von
Dr. N. H. Schilling.

Dritte, umgearbeitete und vermehrte Auflage,
90 Bogen Text, 77 Tafeln und 388 Holzschnitte.
Preis broschirt M. 49. 40. Preis für in Calico gebundene Exemplare M. 54.

Letztere wurden, um die Benützung des sehr umfangreichen Werkes möglichst zu erleichtern, in 2 Bänden, und zwar Text und Atlas apart gebunden, hergestellt.

Repertorium
für
Experimental-Physik,
für
physikalische Technik,
mathematische und astronomische Instrumentenkunde.

Herausgegeben von
Dr. Ph. Carl,
Professor der Physik an der kgl. Kriegs-Akademie in München.
Jährlich 12 Hefte zum Preise von M. 24.
Siebzehnter Band oder Jahrgang 1881.

Abonnements nehmen alle Buchhandlungen, Postanstalten, sowie die Verlagshandlung selbst an.

Das Mikroskop und seine Anwendung.
Von
Dr. Friedrich Merkel,
Professor an der Universität Rostock.

Mit 132 Holzschnitten. 8. 324 Seiten. Preis broschirt M. 3. geb. M. 4.

Dieser Band bildet zugleich den 14. Band der „**Naturkräfte**". Ein illustrirtes Probeheft dieser „Naturwissenschaftlichen Volksbibliothek" steht auf Verlangen gratis und franco zu Diensten.

Leitfaden zur Anfertigung mikroskopischer Dauerpräparate.
Von
Otto Bachmann.
Gr.8. VII und 196 Seiten mit 87 Abbildungen.
Preis M. 4.

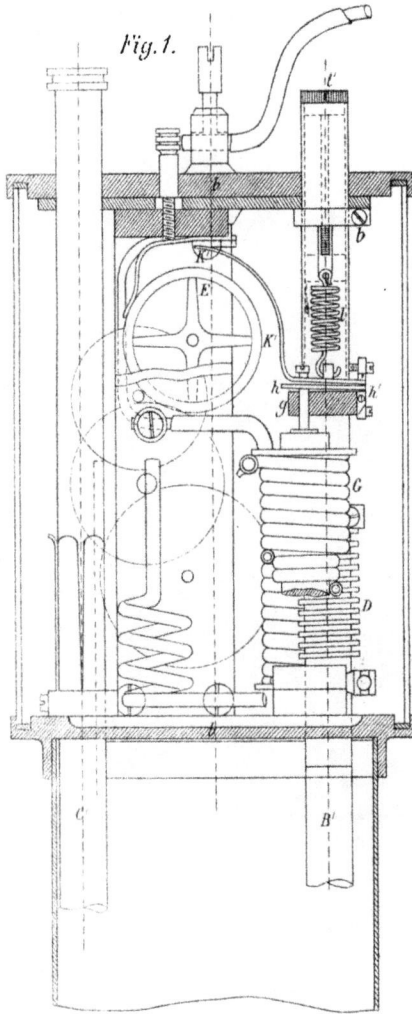

Fig.1.

Fig.2.

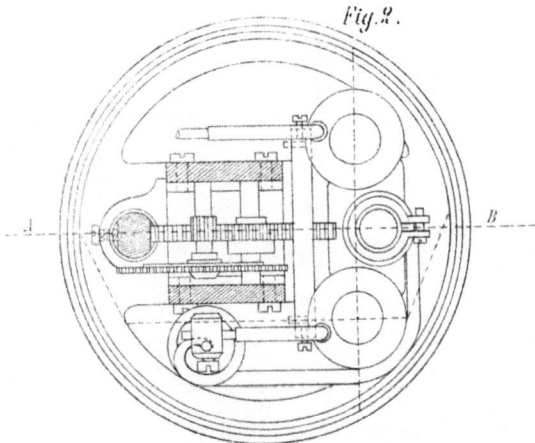

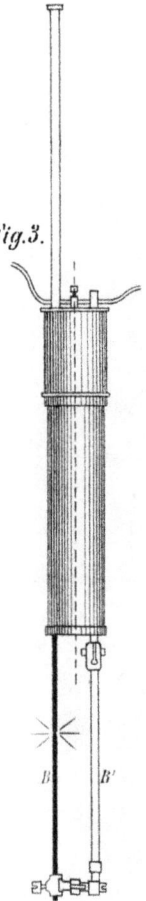

Fig.3.

E.Crompton.

Fig. 7.

Fig. 6.

Fig. 8.

K

G

D

b'

Fig. 9.

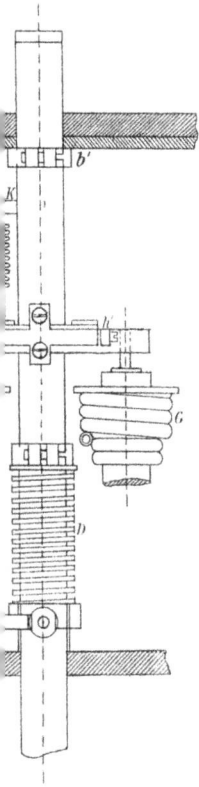

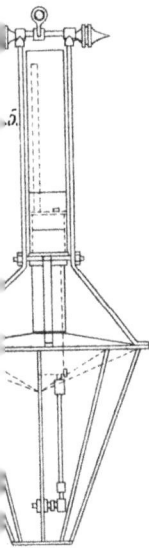

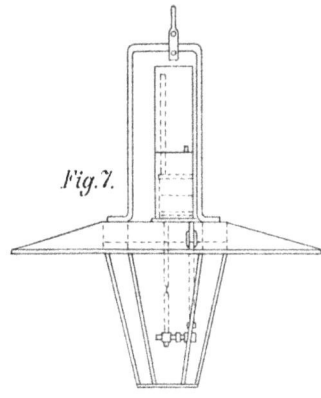

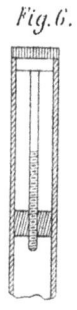

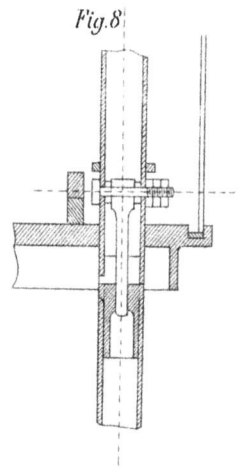

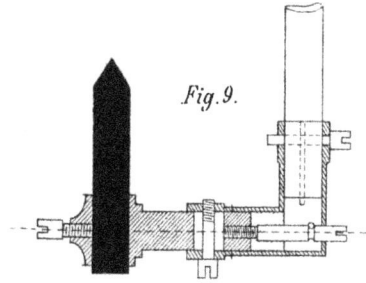

Schnitt durch den untern Kohlenhalter.